RÉCAPITULATION

DE

TOUTE LA MAÇONNERIE.

On trouvera les planches ci-jointes, peintes en or et dans les couleurs qui leur sont propres, et montées sous cadres triangulaires, chez le F.·. PIAT, galerie du Palais-Royal, N°. 97.

RÉCAPITULATION

DE

TOUTE LA MAÇONNERIE,

OU

DESCRIPTION ET EXPLICATION

DE L'HIÉROGLYPHE UNIVERSEL DU MAITRE DES MAITRES.

Eos qui Dii appellantur rerum naturas esse ; non figuras Deorum.
CICÉRON.

ORIENT DE MEMPHIS.

XXXVIIIMDCLXXXXII.

De l'Imprimerie de NOUZOU, rue de Cléry, N°. 9.

AVERTISSEMENT.

Il en est de la Franc-Maçonnerie comme des initiations anciennes. La véritable origine de cette association s'est constamment dérobée aux recherches de l'historien, et le voile dont on couvre avec soin les mystères de l'Ordre laissant aux spéculations des curieux une grande latitude, chacun s'est formé, du but de l'Art-Royal, une idée particulière. Morale, Physique, Astronomie, Théosophie, Cabale, Philosophie hermétique, Médecine, Magnétisme animal, on a tout vu dans la Franc-Maçonnerie, sans oublier le système orgueilleux et tant de fois reproduit d'une régénération universelle de l'espèce humaine. Nous avons cru que les amateurs de ce genre de recherches verraient avec plaisir l'Hiéroglyphe Universel que nous leur présentons, et qui appartient à un grade inconnu en France. On y trouvera réunies toutes les hypothèses imaginées pour expliquer les symboles maçonniques, et l'étude des diverses figures qui le composent ne sera pas sans fruit pour celle des mystères de l'antiquité.

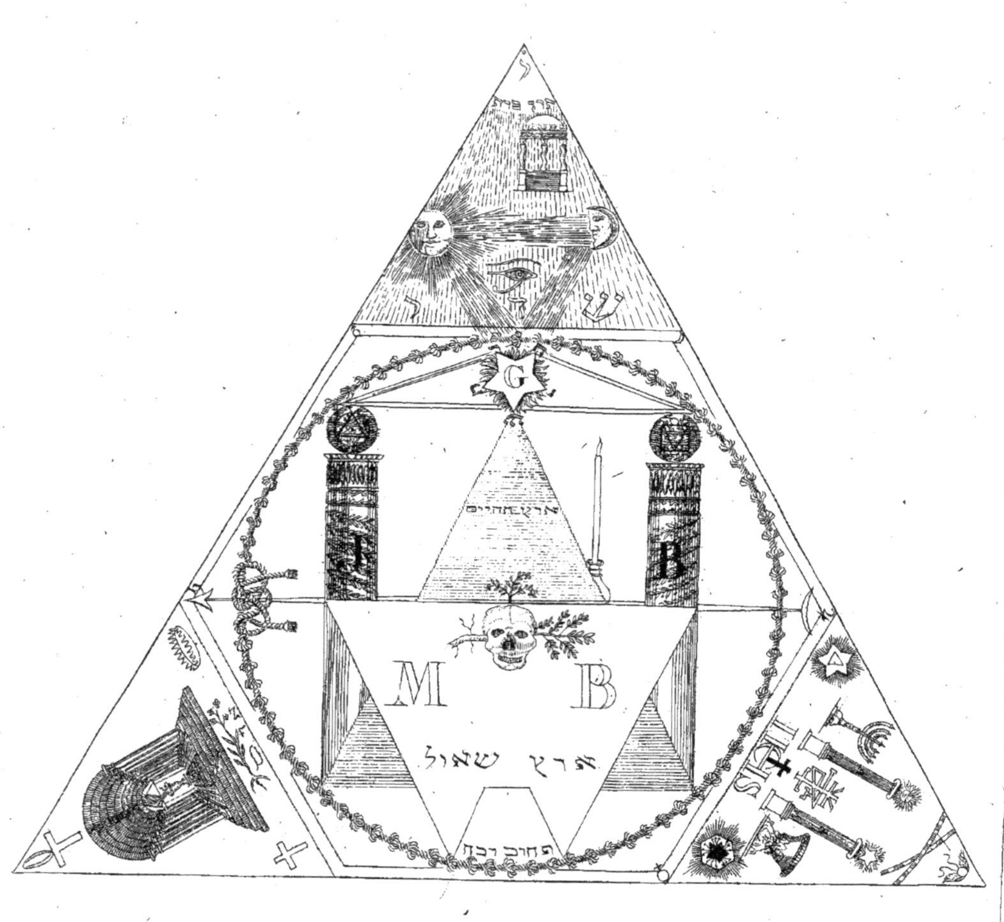
G
J
ארץ החיים
B
M B
ארץ שאול

DESCRIPTION

DE

L'HIÉROGLYPHE UNIVERSEL.

Cet Hiéroglyphe a la forme d'un triangle équilatéral, la première et la plus simple des figures rectilignes régulières, et que l'on sait avoir été employée par tous les peuples de l'antiquité pour désigner le FEU générateur.

Si l'on coupe chaque côté du triangle en trois parties égales, et que l'on mène toutes les lignes d'intersection, il se trouvera divisé en *neuf* (1) petits équilatères égaux : trois seulement de ces équilatères sont distingués dans le dessin ; ce sont ceux qui occupent les trois angles du grand triangle.

L'espace qui se trouve entr'eux forme un *hexagone* régulier, dans

---

(1) Tous les nombres employés dans cet Hiéroglyphe sont symboliques ; la signification en sera facilement saisie par ceux qui sont initiés aux mystères de la Franc-Maçonnerie.

les angles duquel sont tracés les caractères des six planètes ♄, ♃, ♂, ♀, ☿, ☽, le ☉ étant censé occuper le centre de l'hexagone.

Dans cet hexagone est inscrit un *cercle*, formé par la houppe dentelée (*vinculum commune*), nouée de *quatre-vingt-un* nœuds; nombre qui exprime la dernière des supputations maçonniques.

C'est dans l'intérieur de ce cercle, emblème de la perfection, qu'est tracé le grand Hiéroglyphe de la nature, qui faisait la base de tous les mystères, de toutes les initiations, et qui se retrouve aussi dans toutes les théogonies; hiéroglyphe sur lequel s'appuie également le grade de M^{e}.·., le premier, le plus important de tous, et le seul par lequel l'Art-Royal se rattache à la doctrine des anciens.

On aperçoit d'abord, sur les côtés, les deux colonnes J et B, avec tous les détails indiqués dans la Bible, leurs chapiteaux, et les globes qui les surmontent. Sur ces deux globes, de l'un à l'autre, est posé un aplomb, de manière que sa base, les contours extérieurs des colonnes et la base de la pyramide dont je vais parler forment un *carré* parfait, inscrit dans le cercle; ainsi, la série des figures géométriques présente un *triangle* équilatéral, désignant les trois principes de tous les êtres; un *cercle*, indiquant leur union pour la formation des mixtes; et sa *quadrature*, ou la réduction des mixtes dans leurs quatre élémens, pour opérer une nouvelle génération.

Entre les deux colonnes s'élève une *pyramide*, dont la hauteur égale la base, puisqu'elle est inscrite dans un carré. Semblable à la grande pyramide d'Egypte, elle a, comme son modèle, *cent huit* degrés; cette pyramide, droite et blanche, est l'emblème de la VIE : on lit sur la partie supérieure : *Arets hachaiim* : אֶרֶץ הַחַיִּים (*Terra viventium*).

Elle est teintée à contre-sens, c'est-à-dire dans sa partie inférieure, en s'affaiblissant vers le haut, pour montrer que les émanations grossières et terrestres s'épurent en s'élevant vers les régions supérieures.

Devant cette pyramide, et à moitié de sa hauteur, c'est-à-dire depuis la ligne qui fait le milieu du carré s'abaisse une autre pyramide, noire et renversée, que le défaut d'espace a obligé de tronquer, et dont on a formé un *tombeau* (1). Elle est, en effet, l'image de la MORT : on y lit : *Arets Scheol* אֶרֶץ שְׁאוֹל (*Terra sepulchri*).

Cette pyramide est devant la première, pour montrer que LA

(1) Une observation digne de remarque, c'est que la forme ordinaire et primitive des *tombeaux* offre à l'œil une pyramide renversée.

MORT EST LA PORTE DE LA VIE; que la destruction des êtres, c'est-à-dire la disgrégation de leurs parties constituantes, leur fermentation, leur dissolution peuvent seules opérer la génération de nouveaux individus; et que, sans elles, il ne saurait y avoir aucune reproduction; *nisi granum frumenti, cadens in terram, mortuum fuerit, ipsum solum manet; si autem mortuum fuerit, multum fructum affert.*

Ce fut cette importante vérité qui fit la base de toutes les cosmogonies symboliques (1), lesquelles ne sont elles-mêmes autre

---

(1) *Osiris* est tué par *Typhon*, qui lui dresse des embûches; *Adonis*, par un sanglier jaloux; *Elion*, par des bêtes féroces; *Sommona-Codon*, par un cochon. *Ormuzd* est vaincu par *Ahriman*; *Néhémie*, par *Armillius*; celui-ci, par le second *Messie*. *Abel* est assassiné par *Caïn*; *Balder*, par *Hoder* l'aveugle. *Allyrotius* est tué par *Mars*; *Bacchus*, mis en pièces par les géants. Les Assyriens pleurent la mort de *Thammuz*; les Scythes, les Phéniciens, celle d'*Acmon*; toute la nature, celle du *Grand-Pan*. *Zohak* est vaincu par *Pheridoun*; *Soura-Parpma*, par *Soupra-Manier*; *Moïasour*, par *Dourga*; *Pra-Souane*, par *Sommonacodon*, contre lequel se révolte son frère *Thevatath*. *Saturne* mutile et détrône *Uranus*; *Jupiter* en fait autant à *Saturne*. *Agdestis*, *Atys* se mutilent eux-mêmes; *Chib* meurt en fécondant sa femme. *Saturne* immole son fils *Jahud*. *Indra*, *The-*

chose qu'une peinture allégorique de la génération universelle et perpétuelle des êtres. Ce fut pour la consacrer à jamais que l'on institua les mystères et leurs rites funèbres. *Accessi confinium mortis*, dit Apulée, *et, calcato Proserpinæ limine, per omnia vectus elementa, remeavi;* c'est encore à cette vérité physique qu'est dû

---

vatath, *Jesus* expirent sur la croix. Les Turcs, eux-mêmes, célèbrent la fin tragique *et pourtant nécessaire* d'*Hossein;* les Manichéens, celle de *Manès*, etc. Dans toutes les cosmogonies, en un mot, la légende principale roule sur la mort d'un personnage important, laquelle mort donne naissance au créateur ou au réparateur du genre humain.

le système moral ou symbolique de la *régénération* (1), but fondamental des initiations de tous les siècles.

---

(1) Apulée, qui était initié aux mystères égyptiens, fait descendre Psyché aux enfers : Bien plus, elle succombe à ses maux, et meurt. *Jacebat immobilis, et nihil aliud quàm dormiens cadaver.* L'Amour la ressuscite, et lui donne l'immortalité. *Sume, inquit, et immortalis esto.* Voilà bien formellement le système de la *régénération.* Mais toute *régénération* suppose une *mort* antérieure, mort morale ou physique, et l'une est l'emblème de l'autre. La religion chrétienne nous présente les mêmes idées sous les symboles du *péché originel*, du *déluge universel* et du *jugement dernier*, comme principes destructeurs ; de l'*arche de Noé*, du *sacrifice d'Abraham*, du *baptême*, de la *passion du Christ* et de *l'eucharistie*, comme principes régénérateurs.

L'espace qui sépare la houppe dentelée de l'hexagone est *blanc* ; la bordure de l'hexagone est *bleue* dans les trois côtés supérieurs, et *rouge* dans ceux inférieurs (allusion aux Maçonneries rouge et bleue); la houppe dentelée a sa couleur naturelle : l'aire du cercle est *verte*, c'est la couleur du Maître parfait, et l'emblème de la *vie*. L'aplomb est de bois; les colonnes de bronze : la pyramide droite, de marbre *blanc*, l'autre *noire*.

Sur le tombeau sont les lettres M. B. (1) couleur de sang. On y

---

(1) On répète depuis long-temps que le mot *Mac-*

voit de plus, en couleur naturelle, une tête de mort, traver-

---

benac n'est point hébreu. C'est une erreur, dérivée d'une autre erreur.

D'abord, on ne doit point écrire *Macbenac*, en un seul mot, il faut dire, en deux mots, MAK BENAH, ou MAK BENA.

Les deux premiers, *Mak Benah* sont formés de

מַק בְּנָה

qui signifient : *ædificantis putredo*, ou *filius putrificationis*; racines מק *et* בֵן.

Mak Bena se forment de

מַכְּבְּנָא

qui signifie : *Percussio, interfectio ædificantis*; *racine* נכה, *ou* מחא, *Chald.*

La première interprétation (*ædificantis putredo*) se rapproche beaucoup de celle que l'on donne communément; elle a même avec la légende maçonnique une conformité frappante. La seconde (*filius* sée d'une branche d'acacia épi-

---

putrificationis) ne paraîtra pas moins naturelle à ceux qui connaissent les vérités cachées sous les emblèmes maçonniques. Car, sous tous les rapports connus des *enfans de la veuve*, le *maître* peut être dit le *fils de la mort*, dont la *putréfaction* est l'image et le résultat, comme elle est en même temps le principe de la vie, la condition nécessaire au développement des êtres. Enfin la troisième interprétation (*ædificantis interfectio*), à laquelle nous pensons que l'on doit donner la préférence, s'accorde parfaitement avec la fin tragique d'Hiram, et c'est celle qu'ont adoptée les Rose-Croix de Kilwinning.

Mais, nous le répétons, *Makbena* est tellement hébreu, que ce mot se trouve employé comme nom propre d'homme dans les paralipomènes, l. 1, c. 2, v. 49. Au chapitre 12, v. 13, on trouve aussi *Makbanaï* : מכבני, autre nom d'homme, qui a les mêmes racines et la même signification. Les lettres M. B. reçoivent, comme on le sait, plusieurs autres interprétations, suivant les grades.

neux. (1) De cette tête de mort sortent trois roses, autre symbole

---

(1) Ce n'est point par une simple fantaisie que les F.·. M.·. ont pris l'*acacia* pour leur arbre favori, et qu'il est devenu le symbole particulier auquel on doit reconnaître un *maître*. L'acacia, c'est-à-dire le véritable *acacia épineux* n'est autre que le *tamarix* sous lequel vint échouer le coffre qui renfermait le corps d'Osiris. Le roi de Byblos fit couper cet arbre, et ordonna qu'on en formât, pour soutenir le toit de son palais, un *pilier* (type primitif des *colonnes* du temple de Salomon). Isis obtint depuis qu'on lui abandonnât ce pilier, sous lequel était le coffre sacré. Elle l'oignit d'huile parfumée, l'enveloppa d'un voile, et cette pièce de bois devint un objet de la vénération publique. Voyez Plutarque, *de Isid. et Osirid.* D'après ce que nous venons de dire, on voit que c'est une erreur que l'on commet généralement de peindre des branches d'acacia, sans y indiquer des épines.

de la reproduction. Ces trois roses sont, l'une d'or à tige et cœur pourpres; l'autre d'argent, tige et cœur bleus; la troisième naturelle, à tige et cœur noirs, feuilles vertes; ces emblèmes seront facilement saisis par les philosophes hermétiques.

Cette particularité rappelle la couronne d'*épines* de Jésus. De plus, l'acacia est également le type de la *croix* sur laquelle expira le Sauveur du monde, et dont une des branches était formée de ce bois.

L'acacia était également révéré chez les anciens Arabes, particulièrement dans la tribu de Ghatfau. Il fut consacré par Dhalem, qui le couvrit d'une chapelle, laquelle, comme la statue de Memnon, rendait un son quand on y entrait. Les Arabes avaient fait, de l'acacia, leur idole *Al-Uzza*, que détruisit Mahomet.

Derrière la pyramide et le tombeau s'élève, sur un grand candélabre, un cierge allumé, semblable au cierge pascal. Précieuse lumière, soleil terrestre, source intarissable de vie, elle est l'image de cette particule inaltérable qui servit à l'organisation de la matière; je veux dire la SEMENCE, cette étincelle du feu incréé, qui, libre de ses liens par la disgrégation des parties constituantes du mixte, s'élance dans le sein d'une matrice fécondante et donne la vie à un nouvel individu.

Enfin, sur le diamètre entier

de l'hexagone, règne, du midi au nord, une grande aiguille aimantée; elle est l'emblème de ce *fluide universel, lien commun* de la nature, qui enchaîne tous les corps, produit tous les phénomènes d'attraction, de répulsion, d'affinité, d'antipathie, auxquels, faute de les bien connaître, on a supposé tant de causes occultes; fluide qui, sans doute, n'est autre chose qu'une modification du fluide *igné*, générateur, et dont ce que nous appelons fluide *électrique* n'est qu'une perturbation.

Passons maintenant aux petits

triangles ; ils sont allusifs aux trois *mondes* distingués par les philosophes anciens, et désignent en même temps les diverses applications qui ont été faites de l'Art-Royal.

Le triangle d'en haut représente le monde *archétype*, et, par conséquent, se rapporte à la Maçonnerie *Théosophique*, aux Illuminés sectateurs de Swedenborg, etc. Le fond en est *pourpre*. A l'angle supérieur, un segment de cercle resplendissant indique l'inépuisable foyer de la lumière céleste *increéée*. On y voit le *iod* (י), monogramme de la divinité, et, plus bas, se lit : *Ain soph*, אֵין סוף, (*non finis*) (*sans fin*). Cette lumière intarissable flue vers les parties inférieures, et va toujours en se divergeant, à mesure qu'elle s'éloigne de son foyer.

Au-dessous du segment de cercle, on voit un temple voûté en dôme, auquel on monte par *vingt-une* marches; il est soutenu par trois colonnes torses, sur lesquelles on lit les lettres S. F. B. (*sagesse*, *force*, *beauté*). Ces trois colonnes sont l'emblème de la *Trinité* ou *triade* increéée, de la triple essence du principe de toutes choses. L'une est *bleue*, l'autre *blanche*, celle du milieu *rouge*.

Plus bas, se voient les deux grands principes de toute génération, l'*agent* et le *patient*, le mâle et la femelle, le soleil et la lune; le soleil représentant la lumière *créée*. Ce dernier lance sur la lune ses rayons fécondans, et tous deux émissent leurs semences sur le produit de leur union, l'*étoile flamboyante*, ce fils du soleil, cet Horus, cette matière première, semence universelle de tous les êtres. L'étoile flamboyante, placée dans l'intérieur du cercle, forme un triangle équilatéral avec le soleil et la lune, et s'appuie sur le sommet de la pyramide que j'ai décrite. Au milieu de cette étoile on voit la lettre G (1), dont la partie

---

(1) La lettre G de l'étoile flamboyante a été substituée par les Maçons modernes au *Iod* hébreu, י, initial du mot IHOVAH, יהוה; et que même, souvent, on lui substitue par abréviation. Dans l'interprétation cabalistique, le *Iod* signifie *Principe* : employé comme monograme, il devient l'hiéroglyphe naturel de l'*unité de Dieu*.

Ce *Iod* formateur a produit les noms IOVAH, IAH,

courbe est *blanche* et la droite *noire*, parce que cette lettre est, par sa forme, l'emblème de l'union de la matière à l'esprit, c'est-

---

IAO, ION, IAVE, IOU, IUWE, IEIOS, IACCHUS, IO, IESCHUAH, IOH, ISIS, et beaucoup d'autres noms de la divinité suprême. Les Français seuls ont altéré la prononciation du *Iod*; mais il se retrouve dans le nom que donnent à Dieu les peuples du Nord. L'Anglais dit *God*, l'Allemand, *Gott*, le Suédois, *Gud*, etc.

Puisque j'ai nommé ISIS, je ne saurais m'empêcher de proposer, pour le nom de cette divinité, une étymologie qui me paraît préférable à toutes les autres. ISIS, *ab* ישׁ ישׁ (*est, erit*). Cette étymologie est entièrement conforme à la définition que nous donne, de la nature de la déesse, l'inscription de Saïs : *Ego sum omne quod exstitit*, EST *et* ERIT; *meumque peplum nemo adhuc mortalium detexit.*

à-dire au feu générateur. Sur les pointes de l'étoile est le pentagramme de JÉSUS, יהשוה, vrai type du *quinaire* ou de la *monade* créatrice au milieu des *quatre* élémens générateurs,

Le segment de cercle, le soleil, l'étoile flamboyante, la flamme du cierge et l'une des trois roses sont d'*or*, image du feu ou de la lumière. Ainsi se trouvent réunis dans ce tableau les CINQ *soleils* distingués par tous les mythographes de l'antiquité; savoir : la *lumière incréée et créatrice*, désignee par le segment de cercle; la *lumière créée et génératrice*, qu'indique le soleil; la *semence unique universelle* de tous les êtres, que représente l'étoile flamboyante; *la semence spécifiée et primordiale*, qui donna naissance à chaque mixte; elle est désignée par la flamme du cierge; enfin la *semence seconde*, implantée dans chaque mixte, et qui, dégagée du chaos de la putréfaction, donne la vie à un nouvel être de même espèce que le premier; elle est indiquée par la rose d'or.

Dans l'intérieur du triangle formé par le soleil, la lune et l'étoile flamboyante, se voit l'*œil* égyptien ; cet hiéroglyphe, si commun dans les antiquités de ce peuple, et dont personne jusqu'ici n'avait donné l'interprétation, se compose de l'œil, proprement dit, du bâton d'Osiris, auquel se réunit le fouet ou fléau du même Dieu, la jonction se faisant ainsi. Cet hiéroglyphe, que l'on sait être comme le sceau d'Osiris, présente donc un emblème bien juste de la *puissance universelle* qui *voit* tout (l'œil), dont l'*autorité* s'étend sur tout (le sceptre), et qui triture, *régit* et affrène tout (le fouët ou fléau.)

Au bas du triangle pourpre se lit le trigramme de Dieu שדי, *schaddai*, mot sacré du Maçon théosophe et de plusieurs autres grades.

Passons maintenant au second triangle, celui qui est en bas, à droite de la planche; le fond en est *bleu* de ciel : il se rapporte au *monde céleste* et, en même temps, aux Maçonneries *écossaise* et *cabalistique*. Le *globe aîlé* que l'on voit en haut est cet hiéroglyphe égyptien qui représente l'*âme du monde*. Le globe est *bleuâtre*, les aîles alternativement *rouges* et *jaunes ;* sur le globe on lit *Rouach Elohim* , רוּחַ אֱלֹהִים (*l'esprit de Dieu*), qui, porté d'abord sur les eaux, débrouilla le chaos et sépara les élémens.

Au-dessous, on voit, sur l'*équateur*, un arc de l'*écliptique*. Cette figure désigne l'ingénieuse hypothèse du chevalier de *Louville* et de *Delormel*, qui, croyant s'être assurés que l'obliquité de l'écliptique sur l'équateur diminuait insensiblement, ont supposé que cette obliquité était périodique, et que, dans une période d'un nombre effrayant de siècles, l'écliptique opérait une révolution entière sur l'équateur. On peut voir dans l'ouvrage même de Delormel (*la grande Période* ou l'*Age d'or*) les conséquences de cette hypothèse pour l'origine progressive des peuples, de leur civilisation, des religions, des sciences, etc.

On voit au-dessous les deux *co-*

lonnes des Maçons, surmontées l'une d'un soleil, l'autre de l'étoile flamboyante : elles sont de marbre *blanc*, symbole de la *pureté*. On lit sur ces colonnes les lettres A. S. (*Amour, Sagesse*), les deux grands principes adoptés par Swedenborg, et qui ne sont toujours que les deux puissances génératrices, l'*agent* et le *patient*, le mâle et la femelle. J'observerai, à ce sujet, que ce fut cette *duplicité* de nature réunie dans la monade créatrice, cette androgynéité primitive qui fit donner à la divinité, par les Juifs, les noms pluriels de *Adonaï*, d'*Elohim*, etc. On sait que tous les peuples de l'antiquité regardaient le Dieu suprême comme Androgyne.

Entre les deux colonnes, est le sceau ou *pentacle* de Salomon, figure apocryphe, mais consacrée par les cabalistes.

Sur les piédestaux des colonnes, on voit les *Tables de la loi* au milieu des *feux* du mont Sinaï, et la *Piscine*, autres emblèmes des deux principes générateurs.

A droite et à gauche des colonnes sont le *chandelier à sept branches* et la *mer d'airain*, autres symboles de même espèce : ils appartiennent, comme on le sait, à l'*Écossais*.

Aux deux angles inférieurs du triangle, on voit deux figures employées par les cabalistes pour désigner le *bon* et le *mauvais* principes, c'est-à-dire *Oromase* et *Ahrimane*, ou, comme ils les appellent par anagramme, *Sisamoro* et *Senamira*. Ces deux principes ne sont autre chose que les deux points extrêmes de la génération universelle, la VIE et la MORT, ou le feu *générateur* et vivifiant, et le feu comburent et *destructeur*, lesquels deux feux n'en font toujours qu'un seul.

De même que le triangle supérieur porte pour souscription le nom de Dieu, de même on voit sur celui-ci le chiffre ou monogramme de *Jésus*, *intermédiaire* entre *Dieu* et l'*homme*. Les diverses lignes droites et courbes qui forment ce monogramme désignent les deux natures du Christ; et, pour rendre cette duplicité plus sensible, le chiffre est peint en *blanc*, la croix en *noir* et l'intermédiaire en *gris*.

Passons au dernier triangle; il désigne le *monde élémentaire* et se rapporte, par son fond *noir*, au *maître*, aux *élus*, et, par les attributs, au *Kadosch* et à la Maçonnerie *hermétique*.

On voit en haut du triangle le *thau* ou *croix à anse* peint en *bleu*, cet hiéroglyphe égyptien, emblème de la fécondation, des quatre élémens générateurs, et, ce qui revient à peu près au même, que plusieurs auteurs ont pris pour la figure radicale du *Phallus*.

Au-dessous de ce signe est un temple à *neuf* voûtes, soutenues de chaque côté par autant de colonnes. Sur ces voûtes sont gravés les caractères des élémens et ceux des principales opérations hermétiques. Sur la porte du fond, dans un fronton triangulaire, est le Jehovah, יהוה. Sur le devant du temple est un autel auquel on monte par *sept* marches (4 + 3); ces marches sont peintes des sept couleurs de l'*œuvre* ; sur ces marches est un *poignard*, pour montrer que ce n'est qu'en ouvrant les corps que l'on peut en extraire la semence. Le poignard se rattache aussi à l'*élu*.

Sur l'autel est un calice d'or plein de *sang*, duquel sort un *épi de bled*. Ce sang est vivifié par un *rayon du soleil*, répercuté par un *miroir* qui reçoit directement l'astre par un trou pratiqué à la voûte. Tout ceci est un emblème hermétique, trop facile à saisir pour qu'il soit besoin de l'expliquer ici.

Plus bas, une *croix rouge* et une *couronne renversée* désignent assez le *Kadosch*.

La fameuse plante *moly*, dont les *trois* racines étaient *noires*, les *cinq* feuilles *vertes* et les *quatre* fleurs *blanches*, désigne cette partie de la philosophie hermétique qui traite du rajeunissement et de la *médecine universelle*, etc.

Pour correspondre au Schaddaï de l'Archétype et au nom de Jésus du monde céleste, on a tracé au bas du triangle le nom d'*Adam*,

אדם, écrit en *rouge*, puisque ce mot signifie *rouge*. Ainsi l'on a, dans les trois degrés successifs, *Dieu*, *Jésus*, *Adam*, les trois monades principiantes, dont l'une est le *générateur*, l'autre, l'être *engendré* et *fécond*, et celle du milieu, le *réparateur*, c'est-à-dire la semence destinée à perpétuer les êtres.

Au bas du tableau, à l'opposite du triangle lumineux, et entre les pieds du tombeau, l'on voit un segment de sphère sombre et nébuleuse; elle représente le chaos;

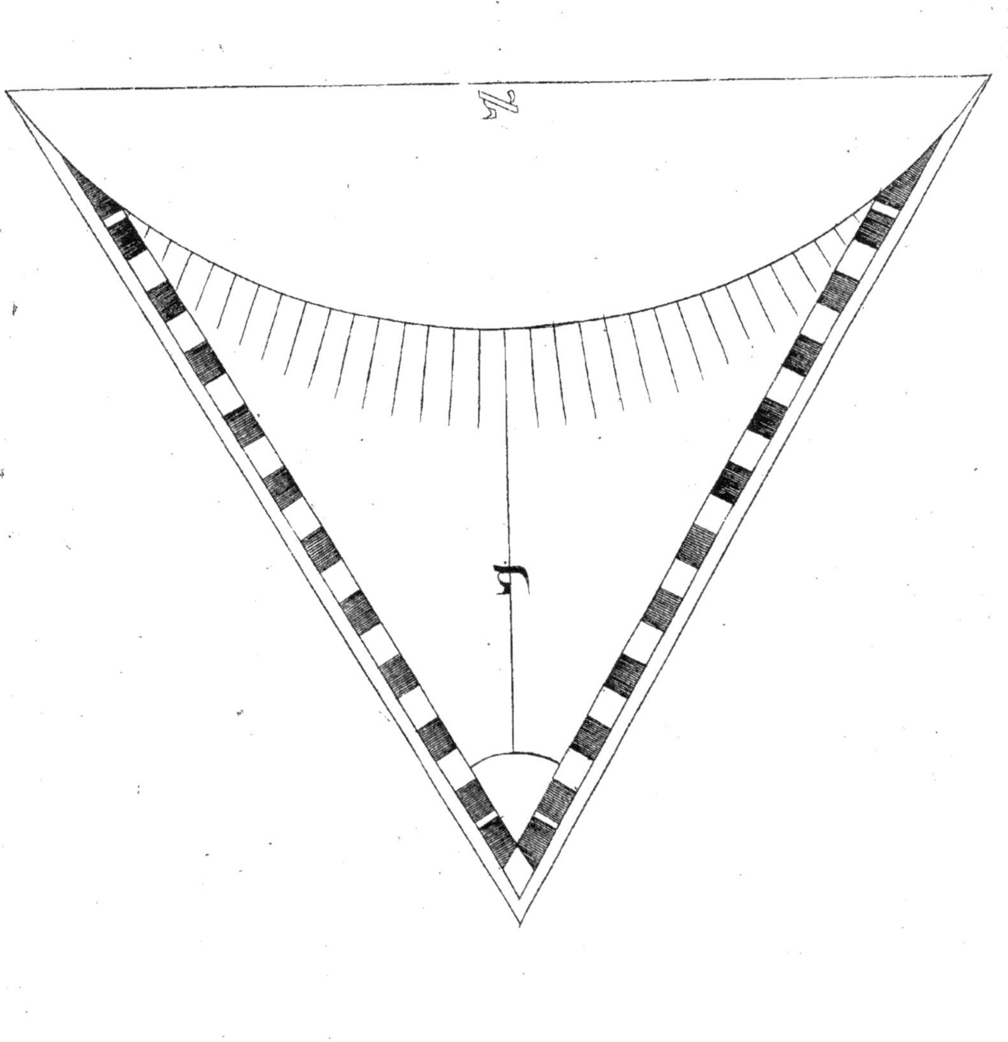

on y lit : *Tehom rabbah*, תְּהוֹם רַבָּה (*abyssus ingens*).

La planche jointe à celle-ci se rapporte au *Vénérable* ou chef de Loge, qui est censé représenter la *puissance universelle* et créatrice, de même que, chez les Egyptiens, l'Hiérophante était l'image du Dieu dont il dirigeait le culte, dont il portait même les attributs. L'hiéroglyphe convenable à ce chef ne saurait être trop simple.

On a vu que la *pyramide droite* était l'emblème de l'*exaltation* des particules grossières et terrestres vers la région supérieure, et de leur purification opérée par cette ascension; de même, la *pyramide renversée* désigne *l'action des influences célestes sur les choses inférieures*, et leur descènte vers la terre pour opérer la fécondation des êtres.

Ainsi, le second tableau présente un *triangle renversé*; le fond en est couleur *ponceau*; la bordure, par carreaux alternativement *blancs* et *noirs*, à l'exception de quatre petits intervalles qui sont *bleus*. Au haut du triangle, on voit le segment d'un immense *soleil* rayonnant, lequel segment doit être formé d'une seule lame d'or : à l'angle inférieur du triangle, un autre petit segment, peint en couleur naturelle, indique le *globe de la terre* sur laquelle vient frapper un *rayon prolongé* du soleil. Au centre du soleil et à l'extrémité du rayon sont les deux lettres א ת, qui correspondent à Α Ω.

FIN.

www.ingramcontent.com/pod-product-compliance
Lightning Source LLC
LaVergne TN
LVHW012008160826
845678LV00002B/710